生态中国科普丛书

"象"注的生活

——科学家解说亚洲象趣事

黄　程　李维薇　编

云南省森林消防总队　参　　编

刘光裕（版纳君）　科普顾问

云南出版集团

YNK 云南科技出版社

·昆　明·

图书在版编目（CIP）数据

"象"往的生活 : 科学家解说亚洲象趣事 / 黄程，
李维薇编 . -- 昆明 : 云南科技出版社 , 2021.7 (2021.10 重印)
　ISBN 978-7-5587-3667-4

　Ⅰ . ①象… Ⅱ . ①黄… ②李… Ⅲ . ①亚洲象—普及
读物 Ⅳ . ① Q959.845-49

　中国版本图书馆 CIP 数据核字 (2021) 第 142924 号

"象"往的生活：科学家解说亚洲象趣事

"XIANG" WANG DE SHENGHUO: KEXUEJIA JIESHUO YAZHOUXIANG QUSHI

黄　程　李维薇　编

出 品 人：杨旭恒
总 策 划：杨旭恒
策　　划：高亢　刘康　李非
责任编辑：王建明　唐坤红　洪丽春　蒋朋美　苏丽月　曾芫　张朝
营销编辑：龚萌萌
责任校对：张舒园
责任印制：蒋丽芬

书　　号：ISBN 978-7-5587-3667-4
印　　制：云南金伦云印实业股份有限公司
开　　本：787mm×1092mm　1/16
印　　张：1.875
字　　数：51 千字
版　　次：2021 年 7 月第 1 版
印　　次：2021 年 10 月第 2 次印刷
定　　价：48.00 元

出版发行：云南出版集团　云南科技出版社
地　　址：昆明市环城西路 609 号
电　　话：0871-64190889

"断鼻家族"共17头象

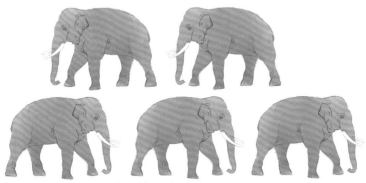

成年公象5头

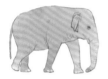

成年母象3头

亚成年象3头

小象3头

幼象3头

★景谷

普

★澜沧 澜沧江

西双版纳
傣族自治州

★

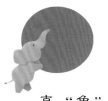

真"象"大白

象群里谁说了算？

象群是遵循母系社会的原则运作的，以家族为单位，通常由族里最年长的雌性担任象群的首领。母象首领指挥象群每天活动的时间、行动路线、觅食地点、栖息场所等，而成年雄象常常承担保卫家庭安全的责任。

2020年3月的一天，亚洲象群聚在一起，正激烈讨论着……

象群在激动中……憧憬中……

"考虑那么多干吗？趁着年轻，我们一起来一场说走就走的旅行……"

6

真"象"大白

大象有多大？

大象是世界上现存最大的陆地栖息群居性哺乳动物，分为亚洲象、非洲象和丛林象三种。

亚洲象体长 5～6 米，身高 2.1～3.6 米，体重 3～5 吨，是亚洲现存的最大的陆生动物。

"那我们去哪儿？需要准备些什么呢？路上会不会有什么危险？"

"我们去旅行吧！"

......

阳光明媚的一天，象群出发了……

西双版纳

2020年3月
16头野生亚洲象从
西双版纳出发

"Baby 家族，这个□
名寓意好，我们就叫□
鼻家族吧！"

"我看行！让我想想……既然我们要北上，不如叫北鼻家族团？"

"咱们这个组合要不要起个拉风的名字？"

9

真"象"大白

独一无二的大象。

大象虽然彼此长得很像，但其实和人类的指纹一样，每头大象的耳朵、尾巴、象牙的形状都是独一无二的。

 **原来你是这样的大象：**

象群"迁徙"并非第一次。象群爱旅行，无论是短途游、长途游，还是跨国游。

从 1995 年开始，就有 5 头亚洲象从西双版纳国家级自然保护区出发，向北扩散至普洱市思茅区一带，成为如今的云仙亚种群；另有两群约 32 头亚洲象"迁移"到普洱市思茅区的思茅港和六顺镇，在景洪和思茅之间往返活动。

2005 年又有 13 头亚洲象向西扩散至澜沧县，如今在勐海县和澜沧县之间来回"迁移"，被称为"澜沧—勐海种群"。

2011 年，部分象群向东扩散至普洱江城县一带。

2020 年以来，一个亚洲象家族自勐养南下至橄榄坝，继而进入勐仑，在中国科学院西双版纳热带植物园附近溜达。

此外，与北鼻家族临近的中国西双版纳勐腊县和老挝北部三省也存在野生亚洲象跨境老挝的"迁移"活动。

组成队伍：母象6头、公象2头、亚成体象3头、幼象3头。

　　在母象首领的带领下，象群踏上了一条"出圈"的道路。体型庞大的大象，走出雨林，一路向北，走入全球观众视野。它们不单是雨林主角，更成了举世瞩目的"大明星"。

12

一路上，象群队伍井然有序，大家相互照顾，十分团结。

　　象群中有一头母象看上去有些笨重，步履艰辛，大家始终将它围在中间。

　　你们知道吗？它可是一位准妈妈。

　　这位准妈妈很有团队意识，哪怕怀孕了也不脱离团队，吃苦耐劳，用"行万里路"做胎教。

 原来你是这样的大象：

　　大象是群居动物，族群分工详细并且有复杂的秩序。大象还十分聪明，具有感性思维和感同身受的同理心，十分团结。

2020 年 12 月 15 日，在大家的期待中，小象宝宝终于在墨江出生了！迁移队伍新增一名成员，大家都亲切地叫它"墨墨"。

墨江

2020 年 12 月

象群首次造访普洱市墨江县，在新抚片区附近活动，并增加了一头象宝宝。

 原来你是这样的大象：

　　亚洲象一般一次生一胎，双胞胎宝宝极少。大象的孕期通常有 22 个月。大象宝宝都是"巨婴宝宝"，象宝宝出生时一般重达 90 千克，如果营养丰富或者象妈妈体型比较大的话，有的象宝宝出生时体重甚至在 100 千克以上！

17

真"象"大白

**小象几岁断奶?
几岁可以独立生活?**

象妈妈的孕期是哺乳动物中最长的,不管是亚洲象还是非洲象,象宝宝都会在象妈妈肚子里待21到22个月,出生后至少需要喝2~3年的母乳。象宝宝会跟随妈妈生活8~10年,所以,小象"孤儿"是无法独自在野外生存的,只有温暖的大家庭才是小象最好的成长乐园。

前进,穿过村舍,路过过河流。

"妈妈，我觉得我们这样在马路中间'横着走'特别酷耶。"

"嘘——宝贝，大晚上的，我们要快速通过，尽量别吓到房子里的人。"

附近有野象出没
出行请注意安全

勐往乡人民政府 宣

"哈哈，其实大象是很
温顺的动物哦。"

20

 原来你是这样的大象：

象群有时会有些"莽撞"，会闯入村民的"地盘"，为了应对亚洲象的突然闯入，政府部门在村民房屋周围安装了围栏。从事科学研究、科学保护的人员还利用红外相机、无人机等先进手段开展对亚洲象群的监测和预警工作，让象群和人类有效隔离，确保人象安全。此外，还在亚洲象出没的路段设置了安全警示牌、警示标语，并安装太阳能路灯，提醒过往民众提高警惕。政府也为象群设立了"食堂"，提供芭蕉、玉米、粽叶芦等食物，对象群不小心造成的农作物或者其他损失，也做了相应补偿。

通过实施多种亚洲象安全防范工程，可以有效缓解人象的矛盾与冲突。

真"象"大白

大象会为其他动物创造栖息地吗？

大象穿过森林或热带草原时会留下巨大脚印，深度有时可达30厘米，之后，这些凹陷的地面会积水，为其他生物创造了微栖地。在西非雨林里，有一种很小的鱼，生活在非洲森林象的脚印积水里，如果脚印里的水干了，它们的卵也能在无水条件下存活4个月。

5月24日，玉溪峨山县，小象路过村庄撞倒酒糟缸，误食了近200斤酒糟。不胜"酒力"，"醉倒"睡过头，暂时脱离了象群。

 原来你是这样的大象：

自然界中，酒味常常代表果实成熟。许多含糖量较高的果实在自然发酵中，微生物会将糖转化成乙醇，所以，果实有酒味就代表成熟了。亚洲象就会记住乙醇的味道，顺着"酒味"去寻找水果。

"咦，真香。是我喜欢的水果吗？"

真"象"大白

大象的记忆力有多好？

大象的智商可是很高的，相当于一个四五岁的小孩，记忆力也非常强，甚至能记得二三十年前的事情，对于食物味道的记忆也能持续很久。

23

真"象"大白

大象如何与同伴交流?

大象可以用人类听不到的次声波交流,在无干扰的情况下,次声波一般能传播11千米,但遇上气流时,传播介质不均匀,只能传播4千米,如果大象在这种情况下必须要交流,那象群会一起跺脚,产生强大的"轰轰"声,这种方法最远可传播32千米。

"我可从没来过这里,既没有导航也没有电话,我要怎样才能跟上大部队呢?"

醒后的小象，并未惊慌，而是在村寨附近玩得不亦乐乎，时而在走田埂，时而在水塘里泡澡，时而在地里嬉戏。

2021年5月25日傍晚，"醉倒"小象神奇地回归象群。

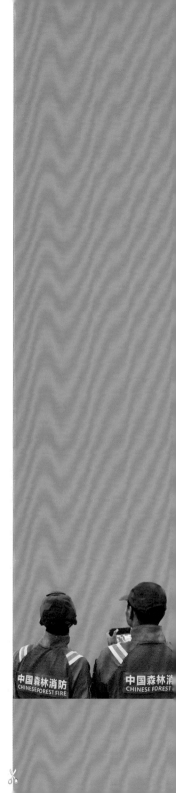

真"象"大白

大象是"水桶"吗?

大象每天都需要补充大量的水分,根据体型大小的不同,每头象每天平均需摄入80~230千克水。特别缺水时,大象的单次摄水量会更大。

2021年5月27日深夜,玉溪峨山县,6头大象闯入汽车店,喝干了两吨水。

"哎呀妈呀,渴死我啦。水都被咱们喝干了!"

"老板,对不住啦,我们实在太渴了。"

26

真"象"大白

大象用鼻子吸水会被呛到吗？

大象吸水是不会发生呛到这种情况的。在大象的鼻腔后面长有一块软骨，可以起到"阀门"的作用，吸水时，"阀门"会自动关闭以防止水进入它们的气管或肺部。

"兄弟，这就喝完了？我还没喝够呢！"

 原来你是这样的大象：

大象的鼻子其实是呼吸器官，它们可不是直接用鼻子喝水的哦。

人们都以为大象用鼻子喝水，其实不是这样的，大象是用鼻子把水吸进去，再送进嘴里，鼻子相当于一个取水器。年纪很小的伙伴还不太会使用这根"长水管"，所以它们喝水时还得撅着小屁股。

27

一头大象路过村民家的猪圈，感到惊奇，开心冲进猪圈。

 原来你是这样的大象：

大象既聪明又淘气，它们的学习能力很强，自我意识也令人惊讶，而且它们具有社会性，会帮助其他的动物。还能通过使用低频率的声音来进行交流，是世界上十大最聪明的动物之一。

猪心想："不敢动……

"嗨，朋友！我是象，你是什么动物呀？"

"天呐！这是我第一次认识猪，太感动了！"

……"

"我……我……我们是猪。"（害怕发抖）

原来你是这样的大象：

大象是食草类动物，大象的主要食物就是植物，一般以嫩树枝叶、野果、野草、嫩竹、野菜及其他植物为主。此外，大象也非常喜欢吃一些水果。

根据大象的自身需要，它会自主地去吃一些树皮，有时候甚至会去吃含矿物盐的土和石块。

大象一路走过土路、马路、高速公路，一路还有食物充足的"大食堂"。

路上有许多装有玉米、香蕉、菠萝等食物的大卡车在静静等待着。等大象离开，现场残留最多的食物是菠萝。

"乖宝宝，来吃又又甜的香蕉吧！"

"妈，菠萝扎我嘴啦！菠萝外壳硬，还有刺！"

真"象"大白

大象生病了怎么办？

虽然动物界没有药店，但大象能在自然环境里寻找治疗疾病的方法和药物。它们常常吃土来中和所食植物里的毒素，还会利用紫草树来促进分娩。

31

真"象"大白

大象真的是"屁精"吗？

大象由于消化能力很差，一天大多数时间（16～17小时，80%的时间）都在吃东西。大象一天可以吃150千克左右的食物，还需要喝60~70千克水，可谓是大吃大喝、暴饮暴食的典型。因此，一头大象一天放屁量就高达3400千克（相比之下，一个人每天约放屁1千克），是十足的"屁精"！

"对不起，妈妈。太饱了，我又放屁了……"

"没关系的宝贝，放屁是正常的生理现象。"

原来你是这样的大象：

　　大象吃得很多，但它们可不是白吃的，它们是重要的种子传播者。大象的粪便中通常含有未消化的种子，这些种子会在它们旅行时广泛传播——有些种子太大只有大象能食用，大象自然就成为这些种子的重要传播者。

　　大象的粪便也是人类的重要资源——富含营养的粪便可以改良肥力枯竭的土壤。

"哎……宝贝，喝完了，你倒是关上水龙头啊。节约用水，象象有责哦！"

"嗝……喝饱了。"

它们长途跋涉，又累又渴，于是来到一户村民家拧开水龙头排队喝水。

真"象"大白

大象的鼻子有多灵敏？

虽然大象的躯干很大，但大象的鼻子相当灵巧，也很有力量，可以捡起微小的东西，包括一粒大米、一根绣花针。

所以打开水龙头这样的小事儿可难不倒大象哦。

大象的鼻子还有多种功能：摄取食物和饮水、洗澡、驱赶蚊蝇、自卫和攻击、交流及搬运，象鼻的灵敏嗅觉有助于大象提早察觉危险。

真"象"大白

大象的皮那么厚，能感觉到蚊子吗？

虽然大象的皮看起来很粗糙，但皮肤很敏感，甚至能感觉到一只苍蝇落在它们身上。

象群睡觉时，会站岗放哨，为了休息好，还会摇动尾巴、耳朵、鼻子或甩动折下的树枝为自己或亲人驱赶蚊蝇。

"太热了，太热了！"

"擦点'防晒霜'吧。"一边说一边往自己身上起了土。

36

 原来你是这样的大象：

　　大象的皮肤非常厚，但是在皮肤有皱褶的一些地方却非常薄。这些薄嫩的地方会遭到蚊虫的叮咬，有一些专门吸血的蚊虫喜欢钻入这些有皱褶的地方叮咬大象，令它们非常难受。

真 "象" 大白

　　大象为什么不爱干净，要甩泥土到自己身上？

　　大象将泥巴喷洒在自己的身上，泥土就会堵住皮肤的皱褶，阻挡蚊虫的袭击，避免对身体的伤害。

　　大象将泥巴涂在身上还可以起到防晒的作用。因为云南天气热，皮肤表面涂泥可以防止身体内的水分蒸发，起到降温的作用。

　　当泥巴干了之后，掉落下来的同时可以将皮肤上面的死皮、细菌等杂质脱掉，从而起到一定的清洁功效。

2021 年 6 月 6 日，一头大象离群了……

 原来你是这样的大象：

大象离队或许像人类的青春期叛逆一样，从此享受放飞独处之乐。

"我要当一头独立自主的大象！"

象群睡觉时把小象围得严严实实以保护小象，小象醒后逃不出"重围"。

"又累又困。我们睡觉吧！"

"爸，妈，叔叔阿姨，快醒醒！我要出去上厕所！"

"哈哈，我们这样算不算是网络上说的'躺平青年'？"

大象每天睡多久？

据说亚洲象每晚侧睡4个小时，中间还会翻身。动物园的大象通常每天睡4~6 小时，但是野生环境当中的大象通常仅在夜晚睡2小时。

 原来你是这样的大象：

不同种类的大象睡觉姿势各不相同，非洲象喜欢靠着墙或树等站着睡觉。

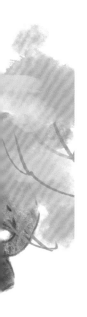

41

"年轻就要奋斗！我才不当'躺平青年'呢，休整一下，咱们继续出发！"

"啊，我掉进水沟啦！怎么办？"

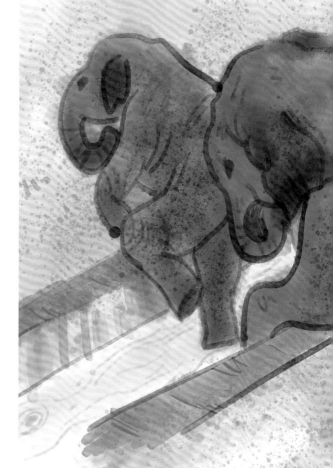

"没关系，我来帮助你。"

"这里有一条水沟。跨过来！别害怕，你行的！"

真"象"大白

大象的鼻子上有多少块肌肉？

大象的鼻子构造的确十分复杂，一共约有4万块肌肉，依靠肌肉的不同组成形式可以完成很多复杂动作，十分灵活。

小象还是掉入水沟，成年象用脚、头和鼻子将小象推上岸。

真"象"大白

大象游泳时如何换气?

大象游泳的时候一般都是憋足了气然后全身都浸泡在水里面,偶尔把鼻子伸出水面换气。

长长的鼻子让大象在游泳的时候像自带了游泳设备一样,完全不用在游的过程中浮上水面换气。大象如果感觉需要换气了,只用把鼻子伸出水面就行了。

旅行路上不仅有阳光明媚、风调雨顺,也有雷声轰鸣、雨水涛涛。象群跋山涉水,蹚水过河。

一只小象不慎被洪水冲走,象妈妈、象阿姨不顾一切地解救小象。

 原来你是这样的大象:

大象巨大的体型具有很强的欺骗性,大象下水后并不会像石头一样直接沉底。实际上,大象庞大的身躯给自己提供了足够的浮力,因此,大象可以在水中游泳。

大象的外表看起来非常笨重,其实大象是非常擅长游泳的,虽然大象游泳时的速度不是很快,但是它们的耐力相当好,连续游上五六个小时就像家常便饭一样。

"宝贝，来，别害怕！一、二、三，加油！"

迁移路上，最受宠的、也是最幸福的要数小象了。

象哥哥、象姐姐们会为睡觉的小象驱蚊警戒。

原来你是这样的大象:

小象至少要到10岁才算长大,未成年的"哥哥姐姐们"会帮助母亲分担照顾"弟弟妹妹们"的职责。除此之外,象群中的其他成年象也会帮助照顾小象。

真"象"大白

大象会跑会跳吗?

大象是不会跳跃的哺乳动物。虽然它们脚上的骨头和其他哺乳动物一样多,但骨骼之间的空隙更小。与其他哺乳动物相比,大象的脚灵活性较差,缺少跳离地面所需的弹性结构。因此,大象虽然能走得比人还快,但它们不能跑也不能跳。

50

像人类的小孩一样，小象们也非常顽皮，喜欢把自己扔进泥里，疯狂地扑拉，直到累透了。

象宝宝们会通过用嘴巴吮鼻子来寻求安慰，就好像婴儿会吸吮拇指一样。

原来你是这样的大象：

　　大象热衷于洗澡。大象会在泥塘里洗泥浴，裹上泥层，降温又防虫。大象也会下河泡澡嬉戏，重新洗干净皮肤，有助于下次更好散热。

真"象"大白

大象如何散热？

除了洗澡，大象还有两个散热妙招：一个是通过耳朵来降温，因此大象耳朵总是一扇一扇的，在散热的同时，也可以驱赶蚊虫，一举两得；另一个是通过散热点来降温，大象的汗腺分布有奥秘，大象身上有15个"集中散热点"，就如同"集中排气"一样，大象把热量通过特殊的网络系统集中到皮肤散热点上，再将其快速排出，以降低体温。

象群们在愉快地玩耍、洗澡、嬉戏……

结　语

　　愿它们早日找到属于它们的"向往的生活"。

　　北鼻家族的旅程还在继续，它们旅程的下一站是哪里？终点又是哪里？我们依旧无法判断。又或许，它们自己也在寻找"我是谁？我从哪里来？要到哪里去？"的答案。

编后记

北鼻家族"迁移"趣闻记录到这里先告一段落，但亚洲象们的脚步却不会就此停下。这一场轰轰烈烈的"迁移"究竟是说走就走的旅行还是为了寻找新家园的"生存革命"？也许时间会给我们答案。

很多关心北鼻家族的朋友都在思考：大象"迁移"是否与大象们的生存环境遭到破坏有关。随着大象家族不断向我们靠近，大象栖息地岛屿化、碎片化的问题也逐渐获得了更多人的关注。我们能为靠近我们的大象做些什么呢？

作为成年人，要正视的问题必然是大象的靠近绝非偶然。我们人类作为和大象共享地球生态的物种，尊重大象的活动并且不围观、不投食是我们能给予他们的重要帮助。尊重科学，配合专家提出的专业建议，引导和呼吁身边的朋友们、孩子们和象群保持距离也是我们力所能及的。对于我们的孩子们，我们不仅应该像象群呵护小象一般给他们温暖和支持，更应该借此机会教给他们善待生命和对待野生物种的正确态度。未来的地球生态属于我们的孩子们，但也属于更多物种的"孩子们"。

平衡亚洲象种群保护与地方经济长远发展仍任重道远。大象主动向我们靠近，我们绝不能辜负了它们的信任。若真有一天大象成为我们的"邻居"，如何处理"邻里关系"也必将成为我们不得不面对的问题。人与大象和谐共生，需要的并不仅仅是任何一方的躲避和妥协，更需要相互理解、相互扶持，为彼此张开怀抱。

另一方面，北鼻家族的"迁移"也说明大象们充分肯定了近几十年来中国在爱护自然环境和保护野生动植物方面所做的努力和取得的成效。大象频频出走也意味着当地人与大象共处变得越来越常态化，生物多样性问题不断引起广泛关注。人类作为地球众多的物种之一，我们就生物多样性的问题展开一次次讨论和探索。地球的正常转动无疑不能只依靠人类一个物种，生物多样性的保持才是地球生态常青的"秘诀"。当大自然成为人类和动植物都向往的样子，"象"往的生活也就是我们所向往的生活。

愿每一个生命都能自在栖息，愿蓝色星球的每一个物种都和人类的孩子们一起成长，愿我们都能前往向往的未来。